LERN STERN

Mein Lernblock

4. Klasse

Mathe & Deutsch

W0390127

TESSLOFF

LERN STERN

Mathematik

Paul liebt Rechentürme! Er weiß: Jede Zahl ist die Summe der beiden Zahlen darunter. Versuche, die meisten Zahlen im Kopf auszurechnen. Nimm dir ein Blatt Papier und einen Stift zu Hilfe, wenn dir eine Aufgabe zu schwierig ist.

Lösung

41 000
25 350
15 650
9700
5950
3750
2200
1550
650
900
118 550
73 330
45 220
28 110
17 110
11 000
6110
4890
1220
3670
707 500
437 200
270 300
166 900
103 400
63 500
39 900
23 600
16 300
7300

Mias kleiner Bruder Leon sagt beim Abendessen: „Morgen früh fange ich an, bis eine Million zu zählen. Da bin ich abends bestimmt fertig.“ Mia überlegt: Wenn jemand Tag und Nacht in jeder Sekunde eine Zahl weiterzählen würde, dann wäre er ...

... nach einer Stunde bei der Zahl ______.

... nach einem Tag bei der Zahl ______.

... nach einer Woche bei der Zahl ______.

... nach 10 Tagen bei der Zahl ______.

Wann wäre man genau bei der Zahl 1 000 000, wenn man Tag und Nacht jede Sekunde eine Zahl weiterzählen würde?

Am ______. Tag.

Lösung

1) ... nach einer Stunde bei der Zahl
3600: 60 (s) · 60 (min) = 3600 s.

... nach einem Tag bei der Zahl
86400: 3600 (s) · 24 (h) = 86400 s.

... nach einer Woche bei der Zahl
604800: 86400 (s) · 7 (Tage) = 604800 s.

... nach 10 Tagen bei der Zahl
864000: 86400 (s) • 10 (Tage) = 864000 s.

2) Am **12. Tag.**

Paul hat mit Stift und Lineal eine Ritterburg gemalt. Wie viele rechte Winkel findest du? Zeichne sie ein und zähle sie. Trage die richtige Anzahl in das Kästchen ein.

Lösung

Es sind **25** rechte Winkel.

Mia liebt es, Kuchen nach Omas Rezeptbüchern zu backen. Aber sie meint: „Schade, dass das Gewicht in jedem Buch unterschiedlich angegeben wird.“ Immer drei Gewichtsangaben bedeuten genau das Gleiche. Verbinde jedes Paar in einer anderen Farbe.

$\frac{1}{2}$ kg	750 g	0,125 kg
$\frac{1}{8}$ kg	375 g	0,75 kg
$\frac{1}{2}$ Pfund	500 g	0,25 kg
$\frac{3}{4}$ kg	1000 g	0,375 kg
2 Pfund	250 g	1 kg
$\frac{3}{8}$ kg	125 g	0,5 kg

Wie viel Gramm sind $3\frac{3}{4}$ kg? ______ Gramm

Lösung

1) $\frac{1}{8}$ kg → 125 g → 0,125 kg

$\frac{1}{2}$ Pfund → 250 g → 0,25 kg

$\frac{3}{4}$ kg → 750 g → 0,75 kg

2 Pfund → 1 000 g → 1 kg

$\frac{3}{8}$ kg → 375 g → 0,375 kg

2) **3 750** Gramm

Pauls Vater schwärmt: „Die zwei Wochen Urlaub waren einfach toll! Leider habe ich wohl ein bisschen zu viel gegessen. Es sieht ganz so aus, als hätte ich jeden Tag 200 g zugenommen.“

Wie viel hat Pauls Vater im Urlaub zugenommen? ☐ kg

Die Waage zeigt dir, wie viel Pauls Vater nach dem Urlaub wiegt.

Wie viel hat er vor dem Urlaub gewogen? ☐ kg

Lösung

1) Im Urlaub hat er **2,8** kg
zugenommen, denn:
14 · 200 g = 2800 g = 2,8 kg.

2) Vor dem Urlaub hat er **75,8** kg
gewogen, denn:
78,6 kg – 2,8 kg = 75,8 kg.

„Zahlenraten macht Spaß!“, sagt Paul. Seine Freunde stellen ihm Aufgaben und Paul findet immer die Lösung. Rätsele mit ihm!

Lösung

a) 9 000 (9 000 · 30 = 270 000)

b) 560 000 (560 000 : 800 = 700)

c) 1 000 000 (1 000 000 : 2 = 500 000 →
500 000 : 2 = 250 000 → 250 000 : 2 =
125 000 → 125 000 : 2 = 62 500)

d) 810 000 (810 000 : 9 – 435 = 89 565)

„Eigentlich ist das Einmaleins mit großen Zahlen nicht schwierig“, meint Mia. „Nur bei den vielen Nullen, da muss man aufpassen!“ Findest du die Lösungen?

•	2 000	600
400		
70		

•	90	300
4		
3 000		

•		800
80	5 600	
		4 800

•		
200	6 000	400 000
	15 000	

•	9	
70		21 000
	8 100	

Lösung

·	2 000	600
400	800 000	240 000
70	140 000	42 000

·	90	300
4	360	1 200
3 000	270 000	900 000

·	70	800
80	5 600	64 000
6	420	4 800

·	30	2 000
200	6 000	400 000
500	15 000	1 000 000

·	9	300
70	630	21 000
900	8 100	270 000

In jeder Zeile sind zwei der drei Längenangaben gleich. Streiche jeweils die Länge durch, die nicht das Gleiche angibt. Die übrig bleibenden Buchstaben verraten dir das Lösungswort.

(Z) 120 m	(A) 12 km	(E) 12 000 cm
(I) 390 km	(C) 390 000 m	(K) 390 000 cm
(H) 3 740 cm	(T) 374 km	(E) 37 400 mm
(N) 590 mm	(B) 59 cm	(U) 59 m
(L) 703 km	(B) 703 000 cm	(O) 703 000 m
(C) 9 285 m	(K) 928 500 cm	(R) 928 500 mm

Lösung

Das Lösungswort heißt **ZEICHENBLOCK.**

Mias Mutter bringt ihr Auto alle 15 000 km zur Werkstatt. Dort wird kontrolliert, ob noch alles in Ordnung ist. „Das nennt man eine Inspektion", erklärt die Mutter. „Ich sehe gerade auf dem Kilometerzähler, dass das Auto genau in 2 072 km zur 9. Inspektion muss."

Wie viele gefahrene Kilometer zeigt der Kilometerzähler

im Moment an? ________ km

Mia blättert im Service-Heft fürs Auto und entdeckt: „Mama, du hast das Auto ja jetzt genau seit 8 Jahren!"

Wie viel Kilometer ist Mias Mutter im Durchschnitt

in jedem Jahr gefahren? ________ km

Lösung

1) Der Kilometerzähler zeigt im Moment
132 928 km an, denn:
9 · 15 000 km = 135 000 km und
135 000 km – 2 072 km = 132 928 km.

2) Sie ist im Durchschnitt in jedem Jahr
16 616 km gefahren, denn:
132 928 km : 8 = 16 616 km.

Paul und Mia sehen sich im Zoo die Schlangen an. Paul meint: „Besonders hungrig sieht die zweite Schlange links neben der allerdicksten Schlange aus.“ Finde die besonders hungrige Schlange und kreise sie ein.

Lösung

Bei den Zahlen auf dieser Seite hat Paul leider immer das Komma vergessen. Setze die Kommas so ein, dass die Zahlenangaben sinnvoll sind.

Lösung

1,43 m
14,355 kg
12,95 €
36,740 km
16,2 cm
11,4 cm breit
1,200 l
4,98 €

Mia ist mit ihrer Mutter im Supermarkt. Sie wollen Saft kaufen. Heute gibt es besonders viel Auswahl. Hilf ihnen, die Preise zu vergleichen. Überlege, welcher Saft am günstigsten und welcher am teuersten ist.

Welcher Saft ist der günstigste? ______________________

Welcher Saft ist der teuerste? ______________________

Am günstigsten ist **„Tropifrucht“:**
0,98 € · 2 = 1,96 € für 1 Liter.

Am teuersten ist **„Orangi“:**
0,49 € · 5 = 2,45 € für 1 Liter.

Je 1 Liter der anderen Säfte kostet:
„Fruit for Kids“:
0,57 € · 4 = 2,28 €
„Gold-Orange“:
1,99 €
„Riesen-Durstlöscher“:
3,09 € : 3 · 2 = 2,06 €

Mia liebt Knobeleien mit Streichhölzern. Sie stellt Paul einige Aufgaben. Zeichne die richtige Anordnung der Streichhölzer in die Felder.

Lege zwei Hölzchen um, sodass zwei Quadrate entstehen.

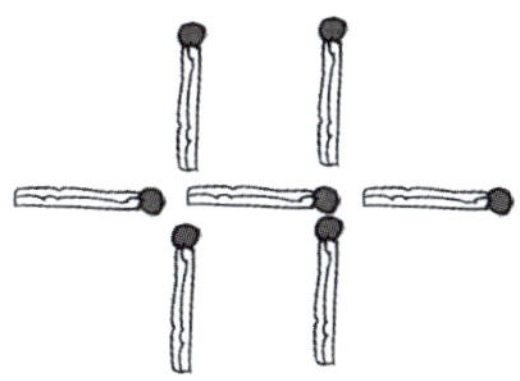

Lege drei Hölzchen dazu, sodass fünf Dreiecke entstehen. Tipp: Die Dreiecke sind nicht alle gleich groß.

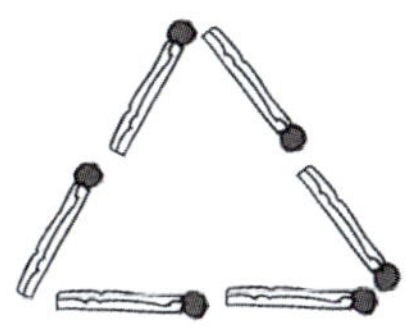

Lege drei Hölzchen um, sodass vier gleich große Quadrate entstehen.

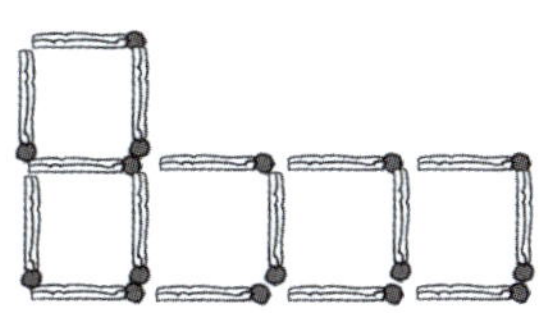

Lösung

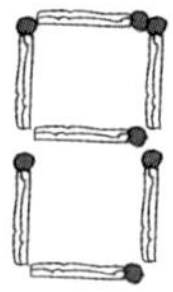

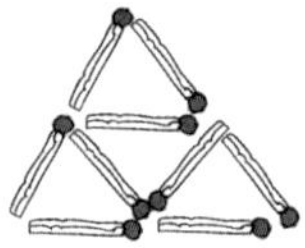

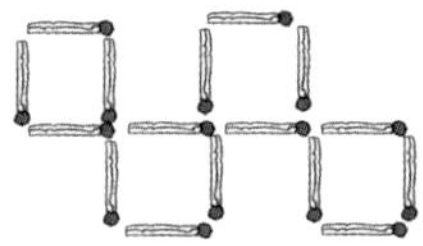

Schreibe die Abkürzungen aus. In der gelben Spalte ergibt sich dann als Lösungswort etwas, mit dem man die Zeit ablesen kann.

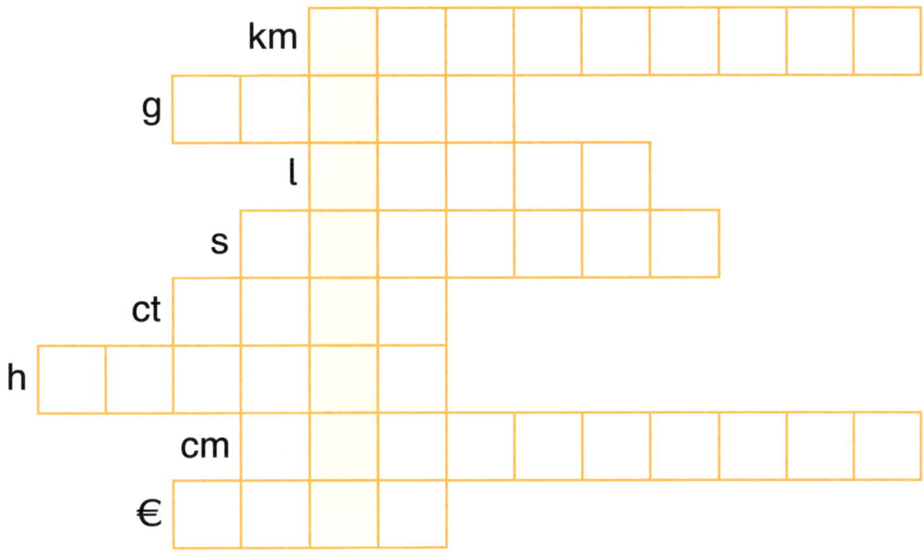

Schreibe drei Maßeinheiten auf, die im Rätsel oben nicht vorkommen. Schreibe auch die Abkürzung zu jeder Einheit.

Lösung

1) Das Lösungswort heißt **KALENDER.**

2) Das sind einige Möglichkeiten:
m = Meter, dm = Dezimeter,
mm = Millimeter, min = Minute,
ml = Milliliter, kg = Kilogramm.

Paul stellt fest: „Im richtigen Maßstab kann man große Dinge ganz klein und kleine Dinge ganz groß zeichnen." Aber bei zwei Bildern stimmt der Maßstab nicht. Miss nach und überlege dann, bei welchem Bild die Maßstabsangabe falsch ist. Streiche die falschen Bilder durch.

1:50

cm

1:10

cm

10:1

cm

1:1 000

cm

3:1

cm

Lösung

Die Maßstabsangaben bei der **Giraffe** und bei der **Fliege** sind falsch.

Die Giraffe (in der Abbildung 6 cm) wäre bei einem Maßstab 1:1 000 in Wirklichkeit 60 m groß. Die Fliege (in der Abbildung 1 cm) wäre bei einem Maßstab 10:1 nur 1 mm lang.

Eine uralte Geschichte erzählt, dass der Weise Sissa ibn Dahir das Schachspiel erfand und es seinem König schenkte.

Der König war völlig begeistert und rief aus: „Sissa, dafür hast du einen Wunsch frei. Wünsche dir, was du willst!" Sissa ibn Dahir antwortete: „Eure Hoheit, ich wünsche mir nur dies: Gib mir für das erste Feld des Schachbretts ein Weizenkorn, für das zweite Feld zwei Körner, für das dritte Feld vier Körner und für jedes weitere Feld jeweils die doppelte Anzahl an Körnern, bis zum 64. Feld. Dann will ich zufrieden sein!"

Der König hielt dies zunächst für einen bescheidenen Wunsch. Bald aber verkündete ihm der Aufseher seiner Weizenkammer, dass es gar nicht so viele Weizenkörner gäbe. Der Weise Sissa hatte sich mehr Weizenkörner gewünscht, als in vielen Jahrzehnten auf der gesamten Welt wachsen könnten!

Du musst nicht die Gesamtmenge der Weizenkörner ausrechnen. Es sind nämlich 18 446 744 073 709 551 615 (18 Trillionen 446 Billiarden 744 Billionen 73 Milliarden 709 Millionen 551 Tausend und 615). Aber findest du heraus, auf welchem Feld zum ersten Mal mehr als eine Million Weizenkörner liegen würden?

Auf dem ______ Feld.

Lösung

Auf dem **21. Feld** sind es erstmals mehr als 1 000 000 Weizenkörner:

Feld 1 → 1 Korn
Feld 2 → 2 Körner
Feld 3 → 4 Körner
Feld 4 → 8 Körner
Feld 5 → 16 Körner
Feld 6 → 32 Körner
Feld 7 → 64 Körner
Feld 8 → 128 Körner
Feld 9 → 256 Körner
Feld 10 → 512 Körner
Feld 11 → 1 024 Körner
Feld 12 → 2 048 Körner
Feld 13 → 4 096 Körner
Feld 14 → 8 192 Körner
Feld 15 → 16 384 Körner
Feld 16 → 32 768 Körner
Feld 17 → 65 536 Körner
Feld 18 → 131 072 Körner
Feld 19 → 262 144 Körner
Feld 20 → 524 288 Körner
Feld 21 → 1 048 576 Körner

LERN STERN

Deutsch

Finde zunächst zu jedem Adjektiv das Gegenteil. Trage die Gegensätze dann in Großbuchstaben an den passenden Stellen in das Rätselgitter ein. Wie heißt das Lösungswort?

spannend krank nass langsam

billig kurz heiß stumpf

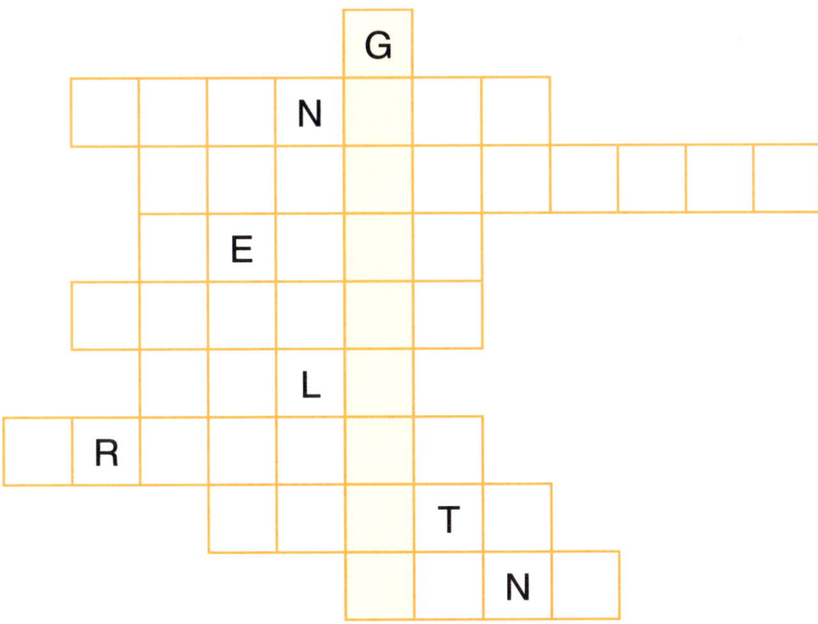

Lösung

Das Lösungswort heißt **GEGENTEIL:**

					G						
	S	C	H	N	E	L	L				
		L	A	N	G	W	E	I	L	I	G
		T	E	U	E	R					
	G	E	S	U	N	D					
		K	A	L	T						
T	R	O	C	K	E	N					
			S	P	I	T	Z				
					L	A	N	G			

Leseratte Bernd stellt fest: „Es gibt einige Wörter, bei denen die Buchstaben genau in der Reihenfolge des Abc stehen.“ Bei welchen Wörtern ist das so? Kreise sie ein.

Forst
Eis
Abend
Filz
Arzt
aber
die
Chor
dort
Kopf

Fels
aus
eins
Klotz
Wolf
Clown
der
Feile

Bei einem Wort stehen die Buchstaben genau in der umgekehrten Reihenfolge des Abc. Findest du es?

Lösung

1) Diese Wörter kreist du ein:
Forst, Filz, Eis, aber, dort,
Chor, eins, der, Klotz.

2) Es ist das Wort **Wolf.**

Bei diesen Ländernamen sind die Buchstaben leider etwas durcheinandergeraten. Weißt du, wie die Länder heißen? Trage die Ländernamen in die Kästchen ein. Das Lösungswort verrät dir den Erdteil, in dem diese Länder liegen.

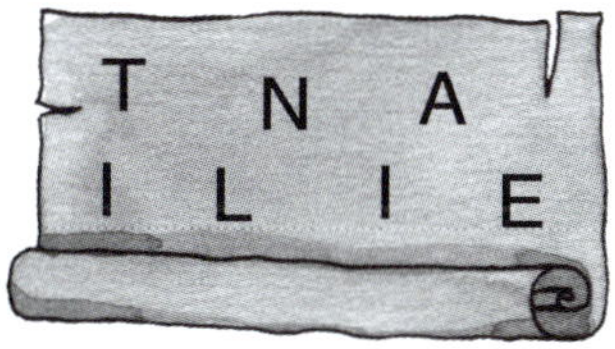

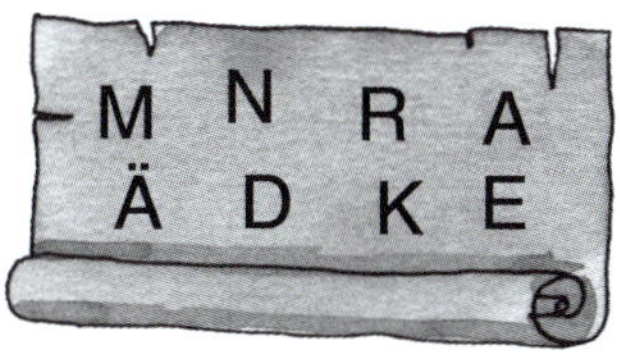

Lösung

So heißen die Länder:
**ITALIEN, PORTUGAL,
DÄNEMARK, POLEN,
SPANIEN, ENGLAND.**

Das Lösungswort heißt **EUROPA.**

Wer in den Burgkeller des Zauberers Knobelix gerät, kann unermesslich reich werden, wenn er nur eine einzige Aufgabe löst, die dort auf einer Tafel steht. Bisher hat es noch niemand geschafft. Versuche du es!

Lösung

Die Truhe mit der **63** ist die richtige.

Sieh dir die Bildergeschichte genau an. Welches Bild passt in die Lücke?

a

b

c

Lösung

Das Bild mit dem Buchstaben **c**
passt in die Lücke.

Leo, Jule und Kim erzählen dir etwas über Spiegel. Aber nur eine Behauptung stimmt. Entziffere die Spiegelschriften und überlege dann: Wer sagt als Einziger etwas Richtiges?

Lösung

Nur **Kim** sagt etwas Richtiges.

Wie heißen die Obst- und Gemüsesorten? Die Buchstaben sind als Strichlängen aufgeschrieben. Schreibe die richtigen Wörter unter die Striche.

G u r k e n

1

2

3

4

5

6

Lösung

1: **Äpfel**
2: **Kartoffeln**
3: **Tomaten**
4: **Birnen**
5: **Bananen**
6: **Kirschen**

Kim sieht sich ratlos in ihrem Zimmer um. Wenn sie doch bloß etwas aufgeräumt hätte! Irgendwo zwischen diesen vielen Dingen liegt etwas, das sie heute dringend braucht. Was sucht Kim? Du findest es heraus, wenn du die Buchstaben in der richtigen Reihenfolge verbindest.

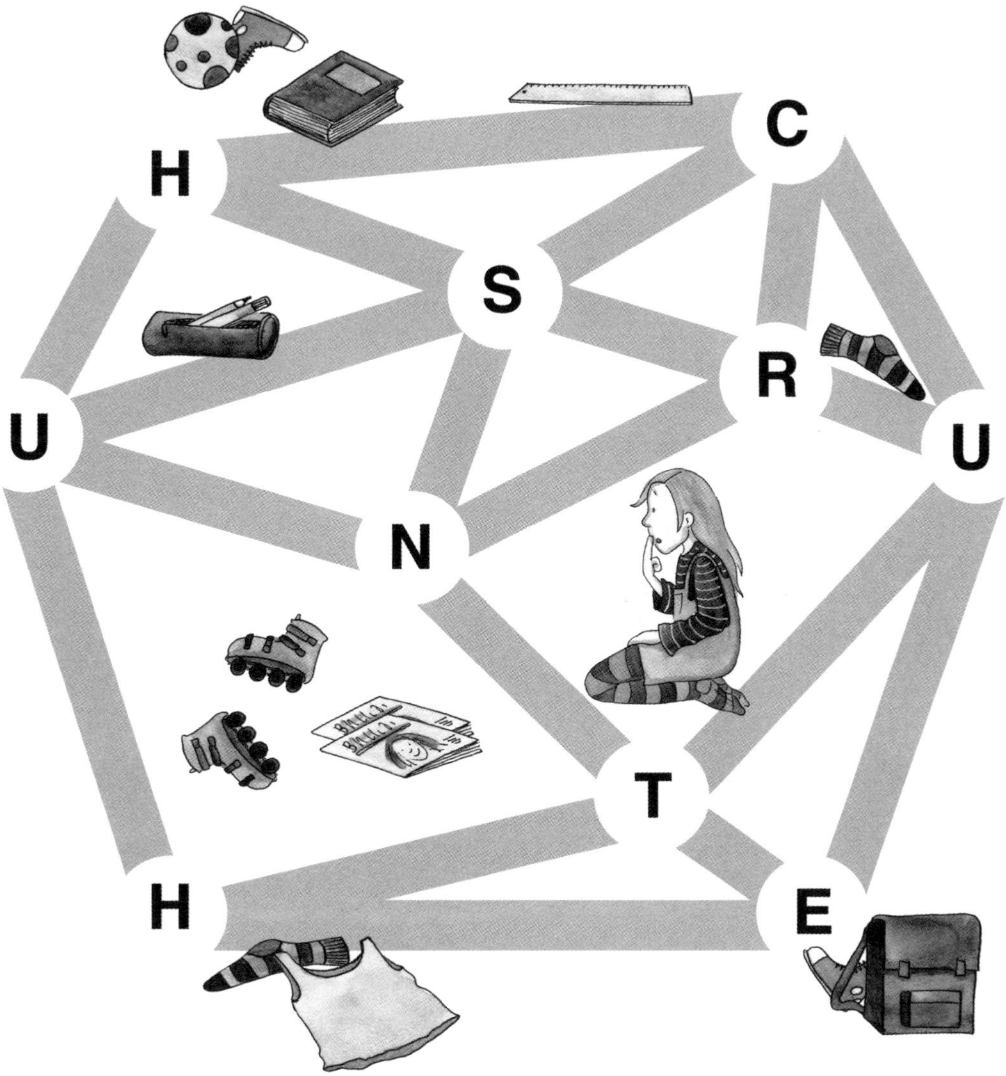

Lösung

Kim sucht ihre **TURNSCHUHE:**

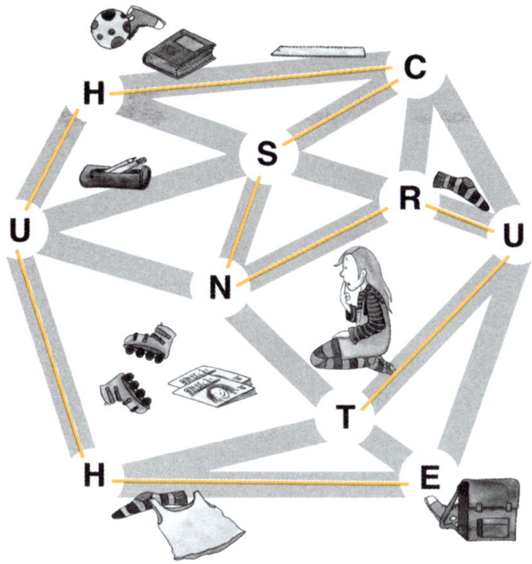

In jeder Reihe passt ein Wort nicht zu den anderen.
Streiche es durch.

Kuchen → Suppe → Torte → Kekse

lecker → schmackhaft → eklig → appetitlich

Schüssel → Löffel → Messer → Gabel

schmecken → greifen → schlucken → kauen

grün → rot → heiß → gelb

süß → bitter → hart → salzig

Lösung

Diese Wörter streichst du durch:
Suppe, eklig, Schüssel, greifen, heiß, hart.

In jeder Buchstabenkette verstecken sich zwei Berufe!
Umkreise die Buchstaben des Berufes, der zu dem Bild passt.
Die übrigen Buchstaben ergeben dann den zweiten Beruf.
Schreibe beide Berufe auf.

D F a r c h i d s ö e r c k e r

P M o l a i z u i r s e t r

Z T a i e h r n p f a l e r g z e t r

G P ä i r l t n o e t r

Lösung

So heißen die Berufe:

Frisör + Dachdecker
Maurer + Polizist
Tierpfleger + Zahnarzt
Pilot + Gärtner

Kim und Leo wollen heute mit dem Zug fahren. Aber was ist denn hier los? Die Anzeigetafel am Bahnhof spielt verrückt! Bei jedem Städtenamen tauchen plötzlich drei Buchstaben auf, die dort gar nicht hingehören. Wie heißen die Städte richtig? Streiche die überflüssigen Buchstaben durch.

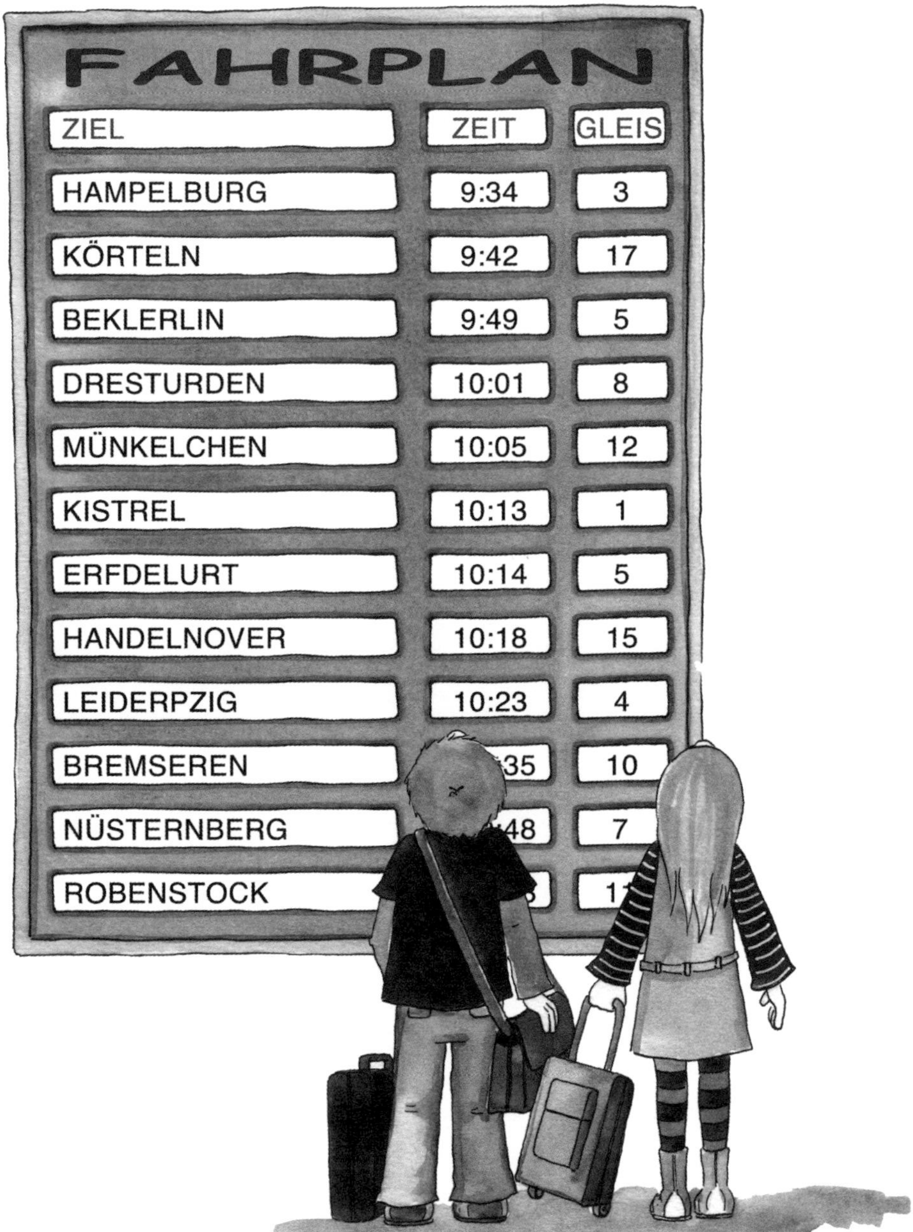

Lösung

So heißen die Städte richtig:
**HAMBURG, KÖLN, BERLIN,
DRESDEN, MÜNCHEN, KIEL,
ERFURT, HANNOVER, LEIPZIG,
BREMEN, NÜRNBERG, ROSTOCK.**

Umkreise den Buchstaben vor dem richtigen Wort. Dann weißt du, was Leo nicht aus dem Kopf geht.

Kim schwimmt und taucht besonders gern. Sie ist eine

R Tauchmaus. O Wasserratte. L Schwimmente.

Leo gelingt heute gar nichts. Er ist ein richtiger

H Pechvogel. L Fehlerfisch. S Unglückshund.

Wenn es draußen sehr heiß ist, nennt man das auch

E Paviansommer. R Affenhitze. M Gorilla-Sauna.

Umgeknickte Ecken an Buchseiten heißen

U Pferdenasen. T Kuhaugen. W Eselsohren.

Viele Leute nennen Anführungsstriche auch

A Entenpfoten. U Gänsefüßchen. B Möwenkrallen.

Eine gestrickte Kopfbedeckung mit einer Bommel nennt man

O Dackelhut. R Pudelmütze. N Doggenkappe.

Leos Lieblingskuchen ist der

H Mückenklecks. K Hummelfleck. M Bienenstich.

Lösung

Es ist ein **OHRWURM.**

Kim und Leo erfinden „neue Wörter“. Das ist ganz einfach: Wenn nur zwei Buchstaben den Platz tauschen, ist ein Wort schon kaum noch zu erkennen. Errätst du die Wörter? Kreise die vertauschten Buchstaben ein.

BODEHASE DIMONALE LAFTMATRUTZE

SEKKE BASSERWALL

SPRENGBRUTT BADESEIMTER

SINNENSCHORM KIBINI

BONNENSRILLE

SCHRIMMWEIFEN

TADEBUCH STRAHHOLM

Lösung

So heißen die Wörter richtig:
BADEHOSE, LIMONADE, LUFTMATRATZE, SPRUNGBRETT, KEKSE, BADEMEISTER, WASSERBALL, SONNENSCHIRM, BIKINI, SCHWIMMREIFEN, SONNENBRILLE, BADETUCH, STROHHALM.

Leos Wörterliste für die Deutsch-Hausaufgabe ist beim Fußballspielen in den Dreck gefallen. Wie heißen die Wörter? Setze die fehlenden Wortteile ein. Aber Vorsicht: Ein Wortteil gehört zu gar keinem Wort und bleibt übrig!

adewa

testel

zabäc

adklin

xiko

draket

dybä

merfer

saufgab

urfal

penstu

Lösung

So heißen die Wörter richtig:
Trep**penstu**fe, Hal**testel**le,
Fahrr**adklin**gel, B**adewa**nne,
Piz**zabäc**ker, Som**merfer**ien,
Ted**dybä**r, Mon**drake**te,
Le**xiko**n, Hau**saufgab**e.

Der Wortteil **urfal** bleibt übrig.

Welche Wörter müssen Leo und Kim einsetzen, damit sinnvolle Wörter entstehen? Hilf ihnen dabei.

-träger
______ -marke
-papier

-schuh
______ -ball
-stand

-spange
______ -arzt
-pasta

-mann
______ -flocken
-ball

-abdruck
______ -ring
-nagel

-lauf
______ -becher
-bär

Lösung

Diese Wörter passen:
Brief, Hand, Zahn,
Schnee, Finger, Eis.

Immer zwei dieser Wörter bedeuten fast dasselbe. Verbinde die zusammengehörenden Begriffe. Ein Wort bleibt übrig. Kreise es ein.

Team

Applaus

Beginn

Sieger

Glückwunsch

Zuschauer

Medaille

Champion

Publikum

Mannschaft

Gratulation

Start

Beifall

Lösung

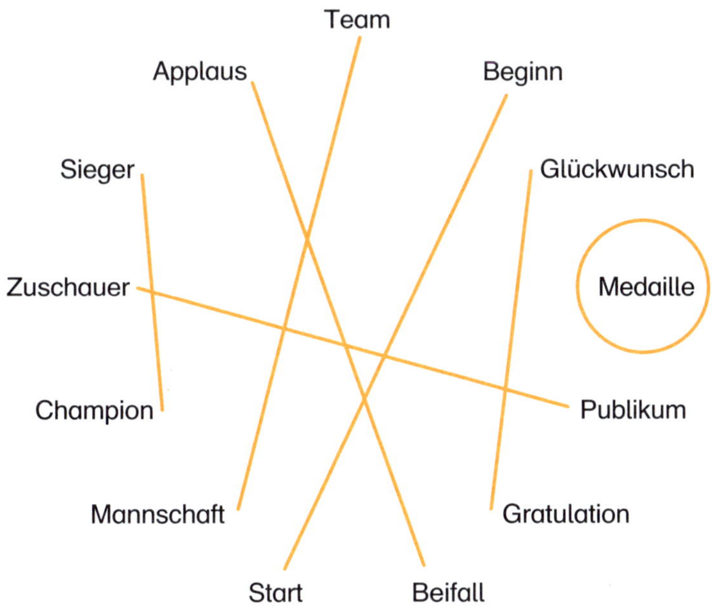
Team
Applaus
Beginn
Sieger
Glückwunsch
Zuschauer
Medaille
Champion
Publikum
Mannschaft
Gratulation
Start
Beifall

Lies die drei Märchenanfänge. Um wen geht es? Überlege genau und schreibe den Namen der Märchenfigur auf die Textrolle. Zu welcher Figur gibt es keinen Text?

„Du willst doch keinen Kampf mit mir wagen?“, lachte er so laut, dass es wie Donner durch das ganze Tal und über alle Berge hallte. Dann hob er den Prinzen vorsichtig mit zwei Fingerspitzen vom Waldboden auf und setzte ihn behutsam auf seine Hand ...

a

„Du willst doch keinen Kampf mit mir wagen?“, knurrte er undeutlich. Er zerknickte mit seinen großen, grünen Tatzen Sträucher und Bäume, als wären sie kleine Zweige, und rannte mit fürchterlichem Brüllen und Fauchen auf den Prinzen zu ...

b

„Du willst doch keinen Kampf mit mir wagen?“, kicherte er leise in seinen Bart, rieb sich die Händchen und schob sein Hütchen in den Nacken. „Vergiss nicht: Ich bin zwar kleiner als ein Mäuschen, aber trotzdem bin ich ein mächtiger Zauberer!“

c

Lösung

a: **Riese**
b: **Drache**
c: **Zwerg**
Zur **Hexe** gibt es keinen Text.

Hier werden zusammengesetzte Namenwörter gesucht. Trage sie ein, dann erfährst du, wo Kim und Leo heute sind.

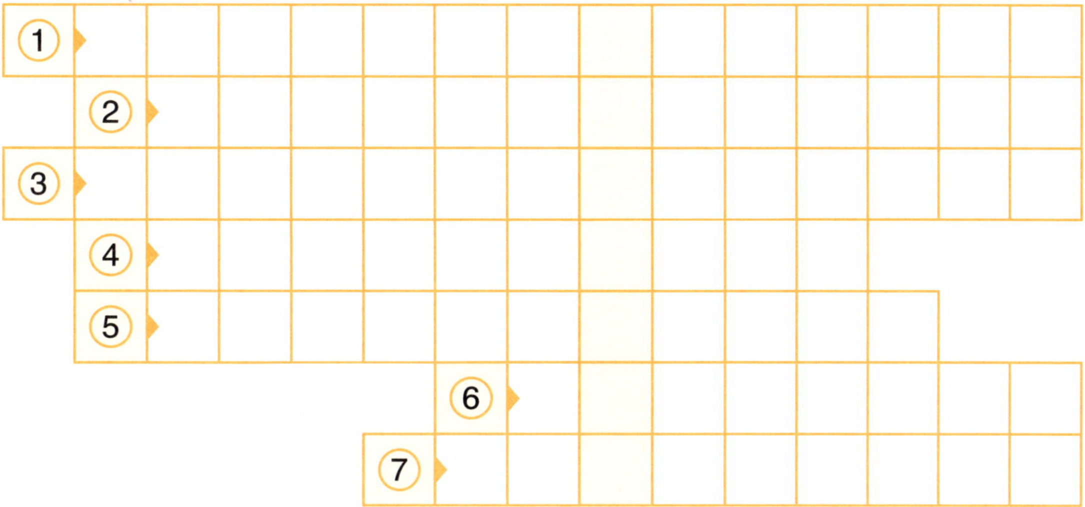

1. Diese „Schuhe“ zieht man an, wenn man besonders schnell tauchen will.
2. Sie schützt die Augen und sorgt für gute Sicht unter Wasser.
3. In diesem kleinen Raum zieht man sich um.
4. So heißt die große Grasfläche in einem Freibad.
5. Von hier aus kann man ins Schwimmbecken springen.
6. So heißt Schwimmkleidung für Jungen und Männer.
7. So heißt Schwimmkleidung für Mädchen und Frauen.

Lösung

Kim und Leo sind heute im **FREIBAD:**

1	T	A	U	C	H	E	R	F	L	O	S	S	E	N
	2	T	A	U	C	H	E	R	B	R	I	L	L	E
3	U	M	K	L	E	I	D	E	K	A	B	I	N	E
	4	L	I	E	G	E	W	I	E	S	E			
	5	S	P	R	U	N	G	B	R	E	T	T		
						6	B	A	D	E	H	O	S	E
					7	B	A	D	E	A	N	Z	U	G

Kim und Leo haben sich eine Geheimsprache ausgedacht. Lies die Sätze zuerst laut vor. Merkst du, wie die Sprache funktioniert? Schreibe auf, was die beiden sagen.

Lösung

Nach jeder Silbe wird **bi** eingeschoben.

Leo: **Hallo Kim! Keiner kann uns verstehen. Ist das nicht lustig?**

Kim: **Hallo! Ich finde das auch super. Vor allem für Geheimnisse!**

Aus den Silben kannst du zehn Fahrzeuge bilden. Die großen Anfangsbuchstaben helfen dir dabei. Schreibe die Wörter auf und streiche die Silben ab. Am Ende bleibt etwas übrig, das sicher kein Fahrzeug ist!

bahn – bus – fa – Fäh – Flug – ko – Lo – Mo – mo

ni – Om – rad – Raum – re – schiff – ßen – So

Stra – ti – tor – tor – Trak – ve – zeug

Lösung

So heißen die Fahrzeuge:
Fähre, Flugzeug, Lokomotive, Motorrad, Omnibus, Raumschiff, Straßenbahn, Traktor.
Ein **Sofa** ist kein Fahrzeug.

Kim und Leo spielen das Gegensätze-Spiel: Kim sagt ein Wort und Leo nennt das Gegenteil dazu. Findest du die fehlenden Wörter? Schreibe sie auf.

Hitze Morgen
Tag Freund
Zwerg Sommer
Wahrheit
Anfang Abfahrt

Kälte
Winter Nacht
Ankunft Abend Lüge

Lösung

Diese Wörter fehlen:
Feind, Riese, Ende.

In jedes Kästchen gehört eine Silbe. Eine Silbe ist schon eingetragen. Kannst du das Silbenrätsel lösen?

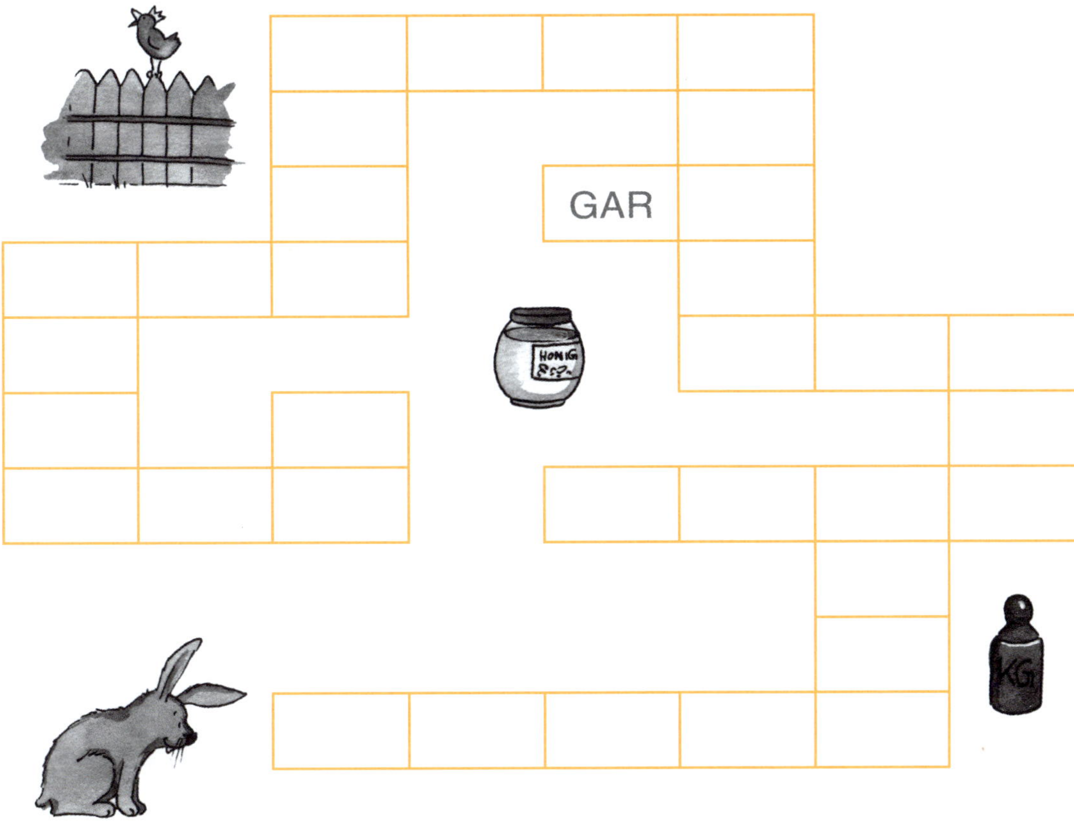

APFELSAFTFLASCHE
BIENENHONIG
HASE
GARTEN
KILOGRAMM
FERNLENKAUTO
HOSENTASCHE
FERNSEHPROGRAMM
LATTENZAUN
KILOMETER
TERRASSE
TOMATENSALAT
ZAUNKÖNIG

Lösung

So ist es richtig:

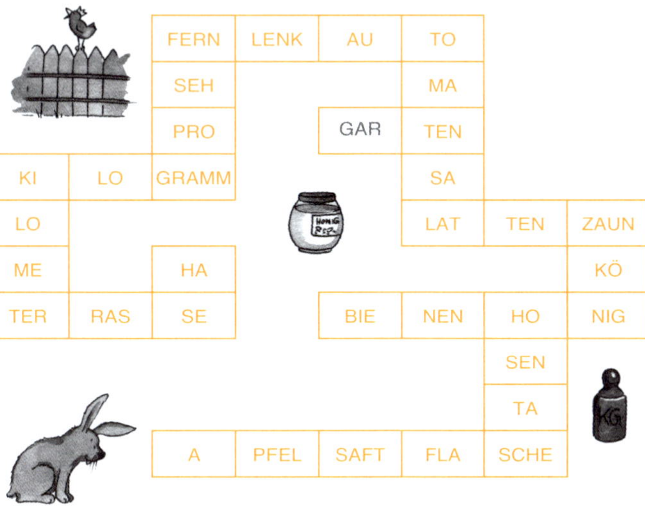

Leo zeigt Kim seine Hausaufgabe: „Kannst du mir helfen? Wir sollen diese Wörter in die Mehrzahl setzen!“ Kim sieht sich die Liste an und lacht: „Heute ist der 1. April, Leo! Das ist ein Aprilscherz!“ Welche Wörter kann man in die Mehrzahl setzen? Kreise sie ein. Ihre Anfangsbuchstaben sagen dir, worauf sich Kim und Leo schon freuen.

Ochse

Gemüse

Stern

Tafel

Hunger

Ente

Milch

Rosine

Fahrzeug

Schnee

Erfolg

Fleisch

Ratte

Obst

Insel

Laub

Etui

Rauch

Nachbar

Lösung

Diese Wörter kann man in die Mehrzahl setzen: **die Ochsen, die Sterne, die Tafeln, die Enten, die Rosinen, die Fahrzeuge, die Erfolge, die Ratten, die Inseln, die Etuis, die Nachbarn.** Kim und Leo freuen sich auf die **OSTERFERIEN!**

Die Wörter stehen in einem bestimmten Zusammenhang. Erkennst du ihn? Finde heraus, welches Wort fehlt. Schreibe es dazu.

Lineal → Linie

Zirkel → ____________________

Papier → Schere

Holz → ____________________

König → Prinzessin

Vater → ____________________

braten → Pfanne

kochen → ____________________

trinken → Durst

essen → ____________________

Meer → Wasser

Wüste → ____________________

Lösung

Diese Wörter fehlen:
Kreis, Säge, Tochter,
Topf, Hunger, Sand.

Lies die Geschichte. In jedem Satz steht ein Wort zu viel. Streiche die überflüssigen Wörter durch.

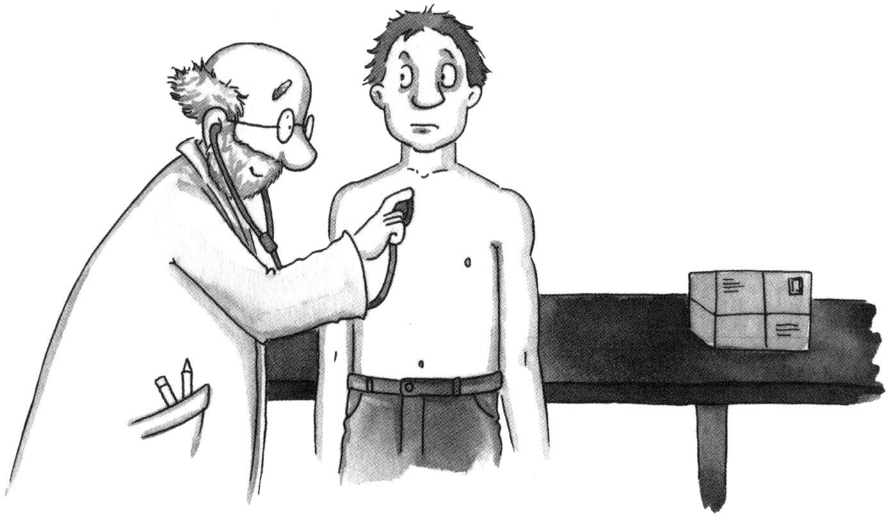

Vor der Tür von am Doktor Winter steht morgens ein Mann. „Kommen Sie bitte bald gleich mit ins Sprechzimmer“, begrüßt ihn Doktor Winter herzlich. „Noch sind keine niemand anderen Patienten da. Machen Sie den Oberkörper für die Untersuchung zu frei. Ich möchte das Herz und oder die Lungen abhören. Da ist offensichtlich alles prima in kein Ordnung! Trotzdem möchte ich Ihnen Sie gern einmal röntgen. Kommen Sie dazu doch ja bitte mit ins Nebenzimmer. Weshalb wo sind Sie denn so unruhig? Welche Beschwerden sind haben Sie hauptsächlich?“ „Ich bin doch überhaupt nicht hier krank!“, bemerkt der Mann zaghaft. „Ich komme vom zum Paketdienst und wollte bei Ihnen nur dieses Päckchen abgeben.“

Lösung

Diese Wörter sind zu viel:
am / bald / niemand / zu / oder / kein /
Ihnen / ja / wo / sind / hier / zum

Aus den Silben im Kasten kannst du Verben mit der Bedeutung lesen bilden. Schreibe jedes Wort neben die richtige Beschreibung.

bie – buch – ent – fern

flie – gen – gen – le

nach – ren – schla – sen

sta – über – vor – zif

Etwas laut lesen, sodass ein anderer es versteht: ____________________

Wörter einzeln Buchstabe für Buchstabe lesen: ____________________

Einen Text sehr schnell und oberflächlich anschauen: ____________________

Etwas in einem Wörterbuch oder in einem Lexikon suchen: ____________________

Eine undeutliche Schrift mühsam lesen: ____________________

Lösung

So heißen die Wörter:
vorlesen, buchstabieren, überfliegen, nachschlagen, entziffern.

Detektiv Kniffler hat die Geheimbotschaft eines Diebes gefunden. Kniffler schmunzelt. Er hat schon entdeckt, wie die Geheimschrift funktioniert: b = a, c = b, d = c, ...
Der Dieb hat sogar das Versteck seiner Beute notiert!
Finde heraus, wo die Beute liegt.

F j o   T b d l

___ ___ ___   ___ ___ ___ ___

n j u   T d i n v d l

___ ___ ___   ___ ___ ___ ___ ___ ___ ___

v o e   K v x f m f o

___ ___ ___   ___ ___ ___ ___ ___ ___ ___

m j f h u   j n

___ ___ ___ ___ ___   ___ ___

A p p   i j o u f s

___ ___ ___   ___ ___ ___ ___ ___ ___

e f s   N b v f s

___ ___ ___   ___ ___ ___ ___ ___

c f j n

___ ___ ___ ___

U j h f s h f i f h f

___ ___ ___ ___ ___ ___ ___ ___ ___ ___ ___

w f s h s b c f o .

___ ___ ___ ___ ___ ___ ___ ___ ___ .

Lösung

So lautet die Geheimbotschaft:
Ein Sack mit Schmuck und Juwelen liegt im Zoo hinter der Mauer beim Tigergehege vergraben.

Welches Wort passt in die Lücke, sodass drei neue Wörter entstehen? Findest du es heraus? Trage die Wörter ein.

Filz-
Klebe- ____________________
Blei-

Regen-
Bild- ____________________
Sonnen-

Ab-
Un- ____________________
Zu-

Milch-
Stoß- ____________________
Backen-

Auto-
Eisen- ____________________
Straßen-

Land-
Post- ____________________
Fahr-

Eis-
Braun- ____________________
Wasch-

Lösung

So ist es richtig:
**-stift, -schirm, -zahn, -karte,
-fall, -bahn, -bär.**

Welches der drei Wörter passt in jeder Zeile zum Oberbegriff? Kreise immer das passende Wort ein.

Tier	Statue	Fisch	Bild
Metall	Lehm	Gras	Eisen
Zylinder	Brett	Apfel	Rohr
Land	Indien	Paris	Donau
Fluss	London	Alpen	Elbe
Dunkelheit	Nacht	Tag	Woche
Fahrzeug	Schuh	Haustier	Zug
Kontinent	Berlin	Europa	Nordpol
Musik	Farbe	Instrument	Wetter
Verwandtschaft	Tante	Freund	Auto

Die Anfangsbuchstaben der eingekreisten Wörter ergeben ein Lösungswort. Wie heißt es?

Lösung

1) Diese Wörter passen:
Fisch, Eisen, Rohr, Indien, Elbe, Nacht, Zug, Europa, Instrument, Tante.

2) Das Lösungswort heißt
FERIENZEIT.

Welches der drei Wortpaare passt zu dem gelben Wortpaar?
Kreise den richtigen Buchstaben ein.

Hahn → Henne
G Vogel → Fisch
D Lamm → Schaf
J Mann → Frau

Uhr → Zeit
B Sekunde → Minute
A Waage → Gewicht
F Stunde → Tag

Schule → Lehrer
T Bäcker → Brötchen
N Werkstatt → Monteur
O Küche → Essen

Fußball → treten
K Ohr → hören
L Wasser → tauchen
U Speer → werfen

August → September
S Jahr → Monat
T heute → übermorgen
A Sonntag → Montag

Buchstabe → Wort
G Buch → Text
R Wort → Satz
I Lied → Musik

Die eingekreisten Buchstaben verraten dir den Monat, in dem Kim Geburtstag hat:

Lösung

1) Diese Wortpaare passen:
   Mann → Frau
   Waage → Gewicht
   Werkstatt → Monteur
   Speer → werfen
   Sonntag → Montag
   Wort → Satz

2) Kim hat im **JANUAR** Geburtstag.

Kim und Leo spielen Kofferpacken. Viele der Sachen, die sie nennen, passen aber gar nicht in einen Koffer! Kreise diese Wörter ein und setze sie in das Buchstabengitter ein. Beginne mit Wörtern, deren Buchstabenanzahl nur einmal vorkommt!

HANDTUCH ZAHNBÜRSTE MOTORRAD

ELEFANT HOSE FERNSEHER OMA

KLEIDERSCHRANK WAL TEDDY

APFELBAUM AUTO BADEWANNE

Lösung

								K		B		O
		A		A	P	F	E	L	B	A	U	M
		U						E		D		A
		T						I		E		
	M	O	T	O	R	R	A	D		W	A	L
								E		A		
F	E	R	N	S	E	H	E	R		N		
	L							S		N		
	E							C		E		
	F							H				
	A							R				
	N							A				
	T							N				
								K				

Verändere von Wort zu Wort jeweils einen Buchstaben, bis du am Ende bei dem richtigen Wort ankommst. Leseratte Bernd zeigt dir, wie das geht!

Beispiel:

R O T

R A T

T A T

T A L

A R M	B A L D
__ __ __	__ __ __ __
__ __ __	__ __ __ __
O F T	H A N S

G O L D	T I E R
__ __ __ __	__ __ __ __
__ __ __ __	__ __ __ __
__ __ __ __	__ __ __ __
H E R Z	M E H L

Lösung

ARM	BALD
ART	**BAND**
ORT	**HAND**
OFT	HANS

G O L D	TIER
G E L D	**TEER**
H E L D	**MEER**
H E R D	**MEHR**
H E R Z	MEHL

Was bedeuten die gelben Sätze? Kreise den richtigen Buchstaben ein. Mit diesen Buchstaben kannst du den Lösungssatz unten vervollständigen.

Er bringt mich auf die Palme.

S Er hilft mir beim Klettern.

T Er schenkt mir viele Nüsse.

K Er ärgert mich fürchterlich.

Leo geht ein Licht auf.

A Leo weiß, wie man eine Kerze anzündet.

O Leo hat ganz plötzlich etwas gut verstanden.

E Leo hat das Licht eingeschaltet.

Sie hat zwei Fliegen mit einer Klappe geschlagen.

B Sie hat erfolgreich Insekten gejagt.

P Sie hat zwei Probleme auf einmal gelöst.

D Sie hat kleine Dinge sofort erledigt.

Mit Fred ist nicht gut Kirschen essen.

O Fred verträgt kein frisches Obst.

N Fred mag keine Früchte mit Kernen.

F Fred ist unfreundlich.

Wer gar nicht weiterweiß, der hat ein Brett vor dem

☐ ☐ ☐ ☐ .

Lösung

Wer gar nicht weiterweiß, der hat ein Brett vor dem **KOPF.**

Löse die Bilderrätsel! In jedem Kasten ergibt sich ein Wort. Schreibe es auf die Zeile.

 + 

1 = Sch
~~5~~

~~1~~
2 = t
3 = r

____

 + 

2 = a
6 = e

1 = k
2 = a

____

 + en + 

2 = l

1 = t

____

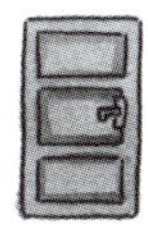 + o + 

1 = B

1 = kl

____

 +  +  + en

1 = Fl

1 = m

1 = o

____

Lösung

**Schatztruhe, Kaffeekanne,
Blumentopf, Büroklammer,
Fledermausohren**

Lies die Sprichwörter genau und entscheide dann, ob sie richtig sind. Kreuze die entsprechenden Buchstaben an.

	richtig	falsch
Morgenstund hat Gold im Ohr.	W ☐	S ☐
Wer andern eine Grube gräbt, fällt selbst hinein.	P ☐	O ☐
Der Apfel fällt nicht weit vom Stamm.	R ☐	C ☐
Aller Anfang ist schwer.	I ☐	H ☐
Reden ist Silber, Schweigen ist Bronze.	E ☐	C ☐
Ein Specht in der Hand ist besser als die Taube auf dem Dach.	N ☐	H ☐
Es wird nichts so heiß gegessen, wie es gekocht wird.	W ☐	E ☐
Viele Köche verderben den Braten.	N ☐	O ☐
Wenn die Katze aus dem Haus ist, tanzen die Kater auf dem Tisch.	D ☐	R ☐
Ende gut, alles gut.	T ☐	E ☐

Alle eingekreisten Buchstaben ergeben von oben nach unten ein Lösungswort. Wie heißt es?

☐ ☐ ☐ ☐ ☐ ☐ ☐ ☐ ☐ ☐

Trage hier alle Buchstaben ein, die du **nicht** angekreuzt hast. Auch sie ergeben ein Lösungswort.

☐ ☐ ☐ ☐ ☐ ☐ ☐ ☐ ☐ ☐

Lösung

1) Das Lösungswort heißt **SPRICHWORT.**

2) Die anderen Buchstaben ergeben das Lösungswort **WOCHENENDE.**

Hier siehst du vier Freunde. In den Sätzen unten erfährst du einiges über sie. Finde heraus, wie die Freunde heißen und welches Hobby jeder hat. Schreibe es unter die Bilder.

Name:

__________ __________ __________ __________

Hobby:

__________ __________ __________ __________

Jan spielt im Fußballverein – genau wie eines der beiden Mädchen.

Sara tanzt im Ballett.

Nico steht zwischen den beiden Mädchen.

Einer der beiden Jungen hat beim Handballspielen schon einen Preis gewonnen!

Tina ist das Mädchen, das keine Brille trägt.

Lösung

Tina	**Nico**	**Sara**	**Jan**
Fußball	**Handball**	**Ballett**	**Fußball**

Kannst du diese Scherzfragen lösen? Versuche erst, alle Rätsel zu knacken, bevor du in den Lösungen nachsiehst.

Welche Bilder kann man nur im Dunkeln sehen?

Wer kann in allen Sprachen antworten?

Wann hat ein Mensch genau so viele Augen, wie das Jahr Tage hat?

Welcher Vogel sieht dem Storch am ähnlichsten?

In welchem Monat essen die Menschen am wenigsten?

Welcher Monat hat 28 Tage?

Wann ist 4 + 4 = 9?

Welcher Ring ist nicht rund?

Lösung

Das **Echo** kann in allen Sprachen antworten.
Die **Sternbilder** kann man nur im Dunkeln sehen.
Am **2. Januar** ist das Jahr 2 Tage alt.
Im **Februar** essen die Menschen am wenigsten,
weil er am kürzesten ist.
4 + 4 ist **nie** gleich 9.
Die **Störchin** sieht dem Storch am ähnlichsten.
Alle Monate haben 28 Tage.
Der **Hering** ist nicht rund.